记住乡愁

——留给孩子们的中国民俗文化

刘魁立◎主编

第八辑 传统营造辑

造园趣谈

刘 托◎编著

本辑主编 刘 托

黑龙江少年儿童出版社

U0193951

序

　　亲爱的小读者们，身为中国人，你们了解中华民族的民俗文化吗？如果有所了解的话，你们又了解多少呢？

　　或许，你们认为熟知那些过去的事情是大人们的事，我们小孩儿不容易弄懂，也没必要弄懂那些事情。

　　其实，传统民俗文化的内涵极为丰富，它既不神秘也不深奥，与每个人的关系十分密切，它随时随地围绕在我们身边，贯穿于整个人生的每一天。

　　中华民族有很多传统节日，每逢节日都有一些传统民俗文化活动，比如端午节吃粽子，听大人们讲屈原为国为民愤投汨罗江的故事；八月中秋望着圆圆的明月，遐想嫦娥奔月、吴刚伐桂的传说，等等。

　　我国是一个统一的多民族国家，有 56 个民族，每个民族都有丰富多彩的文化和风俗习惯，这些不同民族的民俗文化共同构筑了中国民俗文化。或许你们听说过藏族长篇史诗《格萨尔王传》

中格萨尔王的英雄气概、蒙古族智慧的化身——巴拉根仓的机智与诙谐、维吾尔族世界闻名的智者——阿凡提的睿智与幽默、壮族歌仙刘三姐的聪慧机敏与歌如泉涌……如果这些你们都有所了解，那就说明你们已经走进了中华民族传统民俗文化的王国。

你们也许看过京剧、木偶戏、皮影戏，看过踩高跷、耍龙灯，欣赏过威风锣鼓，这些都是我们中华民族为世界贡献的艺术珍品。你们或许也欣赏过中国古琴演奏，那是中华文化中的瑰宝。1977年9月5日美国发射的"旅行者1号"探测器上所载的向外太空传达人类声音的金光盘上面，就录制了我国古琴大师管平湖演奏的中国古琴名曲——《流水》。

北京天安门东西两侧设有太庙和社稷坛，那是旧时皇帝举行仪式祭祀祖先和祭祀谷神及土地的地方。另外，在北京城的南北东西四个方位建有天坛、地坛、日坛和月坛，这些地方曾经是皇帝率领百官祭拜天、地、日、月的神圣场所。这些仪式活动说明，我们中国人自古就认为自己是自然的组成部分，因而崇信自然、融入自然，与自然和谐相处。

如今民间仍保存的奉祀关公和妈祖的习俗，则体现了中国人崇尚仁义礼智信、进行自我道德教育的意愿，表达了祈望平安顺达和扶危救困的诉求。

小读者们，你们养过蚕宝宝吗？原产于中国的蚕，真称得上伟大的小生物。蚕宝宝的一生从芝麻粒儿大小的蚕卵算起，中间经历蚁蚕、蚕宝宝、结茧吐丝等过程，到破茧成蛾结束，总共四十余天，却能为我们贡献约一千米长的蚕丝。我国历史悠久的养蚕、丝绸织绣技术自西汉"丝绸之路"诞生那天起就成为东方文明的传播者和象征，为促进人类文明的发展做出了不可磨灭的贡献！

小读者们，你们到过烧造瓷器的窑口，见过工匠师傅们拉坯、上釉、烧窑吗？中国是瓷器的故乡，我们的陶瓷技艺同样为人类文明的发展做出了巨大贡献！中国的英文国名"China"，就是由英文"china"（瓷器）一词转义而来的。

中国的历法、二十四节气、珠算、中医知识体系，都是中华民族传统文化宝库中的珍品。

让我们深感骄傲的中国传统民俗文化博大精深、丰富多彩，课本中的内容是难以囊括的。每向这个领域多迈进一步，你们对历史的认知、对人生的感悟、对生活的热爱与奋斗就会更进一分。

作为中国人，无论你身在何处，那与生俱来的充满民族文化DNA的血液将伴随你的一生，乡音难改，乡情难忘，乡愁恒久。这是你的根，这是你的魂，这种民族文化的传统体现在你身上，是你身份的标识，也是我们作为中国人彼此认同的依据，它作为一种凝聚的力量，把我们整个中华民族大家庭紧紧地联系在一起。

《记住乡愁——留给孩子们的中国民俗文化》丛书，为小读者们全面介绍了传统民俗文化的丰富内容：包括民间史诗传说故事、传统民间节日、民间信仰、礼仪习俗、民间游戏、中国古代建筑技艺、民间手工艺……

各辑的主编、各册的作者，都是相关领域的专家。他们以适合儿童的文笔，选配大量图片，简约精当地介绍每一个专题，希望小读者们读来兴趣盎然、收获颇丰。

在你们阅读的过程中，也许你们的长辈会向你们说起他们曾经的往事，讲讲他们的"乡愁"。那时，你们也许会觉得生活充满了意趣。希望这套丛书能使你们更加珍爱中国的传统民俗文化，让你们为生为中国人而自豪，长大后为中华民族的伟大复兴做出自己的贡献！

亲爱的小读者们，祝你们健康快乐！

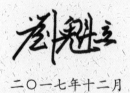

二〇一七年十二月

目 录

好似天上人间，美如地上天堂

好似天上人间，美如地上天堂

春秋战国时期，传说在渤海的东面有五座大山，分别叫作岱舆、员峤、壶梁、瀛洲和蓬莱。山上的亭台楼阁皆为金玉建造，飞禽走兽无不羽翼靓丽、皮毛华美，树上生长的果实鲜美可口，人吃了之后可长生不老。山上的居民都是神仙的后代，穿的是绫罗绸缎，吃的是山珍海味，喝的是琼浆玉液。为了能够得到神山上的长生不老药，秦始皇曾派道士徐福率领三千名童男童女驾船渡海去寻找，结果一无所获。神山的传说在今天看来虽然是无稽之谈，但当时很多人对此却深信不疑，表达了当时人们对美好生活的期望。

在中国园林中，这种理想被转化为景观，成为人们欣赏和寄托的对象。秦始皇在自己的园林里开凿人工湖，引入渭水，且在湖中筑造小

｜圆明园方壶胜境｜

神怡。

仙山楼阁图

岛，象征东海上的蓬莱山。汉武帝也不甘落后，他让人挖掘了一个称为太液池的大湖，池中堆山成岛，分别取名为蓬莱、方丈、壶梁和瀛洲。后来这种做法就成了中国园林中一种普遍的造景手法。实际上这种塑造仙境的做法充分地表达了一种造园思想，那就是创造优美奇特的景观和环境，让人们心旷

北宋的宋真宗赵恒也曾为自己建造了一座仙境般的园林。传说有一天他带领群臣穿过一座宫殿进入这座园子。殿后迎面有一座高高的假山，内有山洞，宋真宗招呼群臣随他鱼贯而入。最初漆黑一团，众人小心而行，走了几十步后豁然开朗，原来已经来到出口，只见眼前峰峦叠嶂，奇峰怪石，收尽天下奇观。这时有两个道士迎面而来，相貌十分奇特，所说的语言极为玄妙，献上来的食物饮品也是从未看见过的，有青鸟和白鹅在堂前跳舞，密林间传来悠扬的竹箫声……此情此景让众人如醉如痴，宋真宗神秘地告诉群臣，这就是传说中的蓬莱、方丈和壶梁三座仙山。

这种追求人间仙境的情趣从秦汉时期一直延续至明清时期。中国园林虽然是源于对大自然的模仿,但是也渗透了人们对美好生活的向往之情。这种向往在客观上起到提高造园技艺的作用,并丰富了园林景观的内涵及外在的表现力。

园林的建造情况也是一个国家盛衰的标志,是社会经济文化发展的晴雨表。在茹毛饮血的原始社会,人类辛苦劳作也只能勉强吃饱肚子,没有多余的材料和能力建造赏心悦目的园林。只有经过长期的积累,特别是建立国家以后,衣食无忧的皇帝或贵族才逐渐产生了欣赏自然美的需要。同时,他们也可调动国家的财力进行庞大的园林工程建造,所以中国早期的著名园林多为皇家园林。

在商周时期,园林被称为"囿",囿可以说是一种天然山水园,是帝王们用来种植粮食、放养鸟兽和打猎游乐的场所,有生产、渔猎、游赏和休养等多种功能。这时的园林以面积广大而著称,《诗经》中记载的周文王的园林长约三十五千米,园中有高大壮观的土台,称灵台;有蓄养着各种鱼类的大水池,称灵沼;有放养着鹿、鸟等动物的山林,称灵囿。人们可以在灵台上眺望周围的景色,在灵沼旁俯观水中游鱼嬉戏,在灵囿里与鹿、鸟等为伴,悠闲地游逛。严格地讲,这个时期的园林主要是利用自然界原有的山谷、河流、林木等略加人工修筑，形成天然的山水园。到了春秋战国时期，这种天然的山水园逐渐开始向人工造园转变，园林从早期的"原始"状态中脱胎出来，使园林从生产生活走向艺术创造。

春秋战国时期的吴王夫差在苏州的姑苏山上建造了一座大园林，取名"姑苏台"。姑苏台非常奢华，整个工程历时五年才完成。在姑苏台内有人工挖掘的湖，叫天池，池中有龙舟漂荡在水上；还有名叫海灵馆的人工池塘，池内养着无数的鱼和乌龟，池上还盖了大量楼堂馆所。园中的道路曲折蜿蜒，路面上铺着大理石，路边鲜花盛开，香气四溢。当时的园林不但规模大，而且建有高台，可以眺望风景，创造出与天相接的感觉。

由于园林的建造需要强大的经济实力和高度的文化繁荣作为基础，所以著名的园林往往都出现在国家政治强盛、经济繁荣的时候。秦汉时期，著名的阿房宫就是建在皇家园林"上林苑"中，《阿房宫赋》中曾对它的壮丽雄奇进行了生动的描述：密集的亭台楼阁把阳光都遮

| 汉画像石中的园池 |

挡住了，河流穿过园墙，在园中蜿蜒流淌，长桥高架在河上，如同云中的飞龙，廊子连接着楼阁两端，好像凌空的彩虹。

到了汉代，上林苑又得到了扩建，关中地区最著名的八条河流（灞、浐、泾、渭、沣、滈、涝和潏）都贯穿园中，另有十个天然湖泊也包含在内。此外，园中还有一个人工开凿的大水池叫昆明池，面积有二十一平方千米左右，在大水池的东西两岸分别雕刻着牛郎、织女石像，相隔的大水池象征着天上的银河，这两件石刻至今仍保留着，被当地人称为石爷、石婆。

唐宋时期是中国古代文化的繁盛时代，同时也是园林艺术发展的高峰。唐代的贞观、永徽年间，朝廷励精图治，国力渐强，园林建设

| 牛郎织女雕塑 |

也超越前代。在唐代的都城长安城内既建造了供皇家使用的禁苑，也有对公众开放的曲江芙蓉园。

皇帝的禁苑极大，环绕一周有六十千米。园林的内容比秦汉时期更为丰富，如皇家园林中出现了马球场、蹴鞠场、温泉浴池等体育游戏之类的场地。曲江芙蓉园又称曲江池，环池建有水榭长廊，园中小路绿荫覆盖，景色十分秀美。它具有近代城市公园性质，为人们提供了休息、娱乐的场所。每逢重阳佳节，无论王公贵族，还是平民百姓，都结伴而出，尽兴游玩。人们在这里可踏青、赏花、荡舟、纳凉、赏月和登高，还可以观看杂技歌舞，园林在性质和形式方面都出现了从未有过的变化。

北宋时期建造的艮岳最为有名，园中有中国园林史上最负盛名的人工假山，气势磅礴，翠如锦绣。园内还集中了天下名花异草、怪竹奇石，楼台亭馆数不胜数，景致极其丰富。山中放养了无数珍禽异兽，并派专人训练，每当皇帝驾临，一声呼唤，各种鸟兽便都来到跟前。据说园林管理者还把浸过油的绢囊浸湿，放在山中多日，使其具有吸收和放出云雾的功能，等皇帝来时献给他，称为"贡云"。此外，还有在山洞里放炉甘石的做法，等到天阴时洞里洞外云雾弥漫，如同自然界的高山深谷。

为了建造这座艮岳，宋徽宗下令征运江南民间好看的花木竹石到都城汴京，称作"花石纲"。为此，官兵只要看到谁家有奇花异木，就破门而入，不由分说地抢走，弄得民不聊生。北宋末年，金兵入侵，城中断粮，为了保卫京都汴梁，朝廷不得已把艮岳的禽兽犒赏了三军，山中的花木也被当作燃料采伐一空，珍贵的山石则被当作大炮的石料凿尽，可惜一代名山就这样消失了。所以，自古园林也是国运昌盛与衰落的标志。

明清时期，社会商品文化与市民文化日渐发达，社会风尚也随着发生变化。小说、戏剧、说唱等民俗文学和木刻、绘画等民间美术十分流行。家具、器玩、服饰等传统手工艺也竞放异彩。园林艺术日趋丰富，造园思想越来越多样，造园手法也越来越巧妙，创作了许多艺

《明皇避暑宫图》

承德避暑山庄总平面图

9

| 退思园局部风景 |

| 万寿山 |

术精品，遗留下来许多闻名于世的园林杰作。皇家园林有北京的圆明园、颐和园，以及承德的避暑山庄。私家园林有苏州的拙政园、网师园、退思园、留园、沧浪亭和狮子林，扬州的小盘古、个园、寄啸山庄和片石山房，无锡的寄畅园，上海的豫园、秋霞圃和古猗园，南京的随

｜俯瞰颐和园昆明湖｜

园、瞻园等。

清代建造的颐和园是至今留存下来的最完整的古代皇家园林。园中的昆明湖，就是为训练水师而开挖的，至今湖边还留有当年训练水师的军营。中日甲午战争清军战败，但这座举世闻名的园林留存了下来，成了世界文化遗产，也成为今日大众游赏的乐园。

西方大批传教士曾来到中国传播基督教，同时也把中国的文化带回欧洲，中国园林艺术随中国的青铜器、漆器、绘画、刺绣、家具等造型艺术和工艺美术一起传入欧洲，并引起极大的反响。尤使欧洲人感到惊奇的就是中国的园林艺术，因为中国园林那种自然、朴素、雅淡的风格与欧洲几何形、规整的人工园林完全不同，因而获得了欧洲人的极大赞赏。

于是从英国开始，而后是法国、意大利、德国、瑞典等国家，掀起了模仿和建造中国式园林的浪潮。在欧洲园林中不仅出现了中国式的塔、桥、亭和阁之类的点缀性建筑物，而且园内还布置了假山、山洞，河流逶迤蜿蜒，道路自由曲折，树木疏密有致。这股模仿浪潮开阔了欧洲人的眼界，丰富了欧洲园林的艺术内容。

| 颐和园昆明湖的秋景 |

虽是人造自然，但却宛若天成

| 虽是人造自然，但却宛若天成 |

中国园林是一种模仿自然但又超越自然的艺术。它的特征是将山清水秀、鸟语花香的大自然浓缩在园林之中，或者说是通过概括与提炼，将大自然的风景再现于园林之中，并在园林中创造出各种理想的景观和意境。

西方的园林充分体现了人工化的美，地貌一般都是经过人工修整后的平地或台地；水体大多是具有几何形的水池、喷泉、壁泉和水渠；植物多采用行列式的种植方式，比如把树木修成几何形或动物形，把花卉和灌木修剪成地毯状的模纹花坛。相比之下，中国园林则崇尚自然，比如山是模拟自然界的峰峦壑谷，水是自然界中溪流、瀑布和湖泊的艺术概括，动植物也反映着自然界中动植物群体构成的那种鸟啼花开、生机勃勃的自然图景。

一位早期来过中国的意大利传教士在回忆中国园林时说："我们欧洲的园林追求以艺术排斥自然，人们铲平山丘，抽干湖泊，砍伐树

| 承德避暑山庄风景 |

|法国凡尔赛宫花园中的几何花坛|

木，把道路修成一条直线，花许多钱建造喷泉，还把花卉种得成行成列。中国人则相反，他们通过艺术来模仿自然，因此在他们的园林里，人工筑造的山丘形成复杂的地形，许多小径在里面穿来穿去，有一些是直的，有一些则曲折，有一些在平地和涧谷里通过，有一些越过桥梁，由荒石磴道攀跻至山巅。湖里还点缀着小岛，上面建着小小的庵庙，可乘船或走小桥到达。"这位传教士的叙述，大体上反映了中西园

林在景观特征上的差异。

可以说，中国园林的最本质特征就是"自然"，因而在形容或总结中国园林特点的时候大多会有"有若自然""妙在自然""浑然天成""宛若自然"等说法。中国人为什么这么喜欢自然风格的园林呢？中国古代哲学家老子告诉人们，大自然本身是最美的，人类需要顺从大自然的规律去做事，不

|狮子林|

能自作聪明地反其道而行之。例如水上用船，陆地用车，沙上用鸠（古代一种在沙上行走的工具），爬山用藤，在平坦的地势开垦田地，在低洼的地方开凿水池。受老子思想的影响，中国园林也就特别讲究顺应地势，保留自然本色。

在古代中国，有两种居住方式，一种是居住在有围墙封闭的住宅中，称为宅居；另一种是居住在园林化的环境中，称为园居。传统的合院式住宅大多都是对称布局、四周围合的样式，渗透着封建伦理规范，长期居住不免使人感到拘谨。如果生活在有山有水的园林中则让人感觉远离世俗，逍遥自在，但是园居也有不如意的地方，就是远离闹市会给日常生活带来不便，而且过于清净也会使人感到寂寞。

明代有个文人叫王世贞，他说："山居未免寂寞，市居过于喧闹，只有园居介于两者之间。"意思是说最好的办法是在住宅旁边建造一个宅园，这样既满足了日常生活的便利，又可以时常享受山水田园风景，两全其美。这实际上也表明了一个道理，即人具有自然的属性，又是社会的产物。无论脱离了自

苏州艺圃

然还是脱离了社会都会使人产生失落感，因此在社会生活方式发展到一定阶段，以回归自然为特征的园居生活作为宅居形式的补充，便成为人们在文化心理上的一种平衡方式。

明代著名造园家计成告诉我们，一座好的园林，一定是"虽由人作，宛自天开"，意思是园林虽由人造，但要

| 网师园真意

有山水的真意，而不是仅有自然的样子。北京颐和园有一处景点叫"湖山真意"，苏州网师园中也有一个景点叫"真意"，讲的都是这个意思。

中国园林的造景不是机械地模仿自然界中的具体某一景物，而是造园艺术家把自己对自然美的感受和理解，通过石、水、建筑、植物等媒介，艺术性地再现出来。因而，园林中的山水草木与自然界的不同，"一峰则太华千寻，一勺则江湖万里"说的就是几块峰石可以引发身临高山的联想，一条溪流可以给人涉足乡野的印象。中国的造园艺术是一种对自然界高度提炼和艺术概括的再创造。

近在咫尺之间，妙在小中见大

| 近在咫尺之间，妙在小中见大 |

中国园林艺术是一曲空间艺术的绝唱，这话说得并不夸张，因为与观赏山水画或盆景艺术作品不同，中国园林要求人们必须置身于其中去观赏，去感受。园林中的空间是由山水、花木、建筑等组成的具有特定气氛的环境，使人或者感到庄严、明朗和亲切，或者感到幽雅、宁静，或者感到忧郁、神秘……

中国园林的空间特征可以归纳为"以小见大，咫尺山林，曲折蜿蜒，对比变化"这十六字，简单地说，就是用有限的空间形式创造出无限的空间感受。苏州的网师

园就是个以小见大的例子，园中的水池虽然面积不大，但因水面集中，视觉效果上显得很开阔，特别是在水池的东南角和西北角还各伸出一个小水湾，感觉池中的水是由园外流进来，又流向远方，再加上天上的云朵、岸边的树影映现在池中，使园

| 颐和园后湖 |

中的景致变得更加丰富。

在水池的东侧，是一片白色的墙壁，墙前布置了叠石，种植了藤蔓，在白墙的衬托下，好似一幅清新的水墨画。这种传统被继承了下来，在苏州博物馆的园林中，著名建筑师贝聿铭先生创作了一幅立体山水图卷，简练的构图却表达了浓浓的中国传统山水意境。网师园西北角有一座小院，叫殿春簃，院子虽小，但有山有水，院子里布置的假山石亭亭玉立，花木扶疏，泉水叮咚，景色诱人。后来世界著名的美国纽约大都会博物馆内要建造一座中国式庭园，便是以殿春簃为原型来建造的，取名叫明轩，将中国的园林艺术再一次传播到了海外。

为了取得丰富多样的效果，中国园林有个通用的办法，就是用建筑、植物、假山等把整个园子划分成几个不同的区域。这样做的好处是曲折的长廊、山间的小路

| 网师园中的小拱桥 |

| 网师园的水墨图画 |

和跨越水面的小石桥将人们引入风光不同的景区里，可以避免一览无余。

苏州留园的特色之一就是园林空间变化丰富，游人入园后经过曲折的回廊和封闭的小院来到中部主要景区，一路上透过墙上开设的漏窗可以隐隐窥见园中山水的秀色，顺着小径向西走，可以看到水池南岸高低错落的亭台楼阁。园林中各处都能让人感受到空间上的大小对比和明暗变化，把中国园林的空间艺术发挥得淋漓尽致，充分彰显了古代匠师们高超的技艺。

在江南的私家园林中，常用漏窗、空廊、花木等来分割空间，造成既有划分，又联系不断的效果。例如，苏州拙政园中有一座跨水的廊桥，叫小沧浪。它那轻盈空透的造型构成似隔非隔的景象，增加了园景层次感。

在园林的设计和布置方面，古代匠师们使用了许多富有智慧的做法，比如先抑

拙政园小飞虹

大的空间，便会使人产生一种豁然开朗的感觉。为了达到这样的效果，在进入园门后，常常要用曲廊、小院作为全园主空间的"序幕"。例如，进入拙政园的园门后，先要经过两个半封闭的院落才能来到主要大园子。参观北京颐和园，人们要进入东宫门，经过仁寿殿、乐寿堂等规整、封闭的院落，才能到达开阔的昆明湖景区。在北京北海公园的静心斋，苏州的网师园、留园、狮子林

后扬、大小对比等。那么什么是先抑后扬呢？比如说，在进入一个较大景区前，常有曲折、狭窄和幽暗的小空间作为前奏，用来收敛人们的视线，然后再把人带到较

留园景色

等园林中也都不同程度地运用了这种欲扬先抑的手法。

什么是大小对比呢？常见的手法是在大园子之中或一侧设置小园子，构成园中之园，通过大小对比，增加园林空间的丰富性。例如，在北京北海公园东岸布置了画舫斋、春雨林塘、濠濮间、云岫厂、崇椒室等几组小庭院，它们小巧玲珑，在波光浩渺的太液池畔，与琼华岛上的高塔崇阁遥相呼应，产生了铺垫和衬托的作用。再如拙政园，同样是在中部大园子一侧设计了梧竹幽居、海棠春坞、枇杷园、听雨轩等几组独立的小院子，这些小院子有的以春雨秋实为题，有的以海棠梧桐为景，与主园的大空间形成对比，给人以丰富多变的艺术享受。

中国古代许多著名园林都很小，如半亩园、壶园、勺园、芥子园、小盘古等。其中，芥子园是清代著名戏

| 颐和园邀月门 |

| 拙政园梧竹幽居 |

| 小盘谷局部风景 |

| 留园曲廊 |

剧家李渔的私园，园中有个小小的景观叫北山，山中虽然也有茅亭、栈道和石桥，但比例太小，人们不便走进去游赏，只能隔窗静观这幅美妙的景象，于是李渔便把这扇窗子称为"尺幅窗"。

中国的园林不但是空间方面的艺术，还是时间方面的艺术。之所以这样说是因为游赏过中国园林的人都知道，园林中的小径和长廊总是曲曲折折，一方面是为了增加趣味，但更重要的目的是为了增加游览路线，延长游览时间，使游客感到小不觉小，近不觉近。实际上，欣赏园林美是一个静观与动游相结合的过程，正因为如此，我们才常说"游园""逛公园"，而不说"看园"，这是很有道理的。

景物丰富多彩，彰显工匠精神

| 景物丰富多彩，彰显工匠精神 |

中国园林中的景色那么美妙，空间那么丰富，但实际的构成并不复杂，甚至是非常简单的。通常是以山、水、建筑、植物等作为材料，采用一定的艺术手法来营造多变的园林景观。造园家们把打造山景和营造水景分别称作"叠山"和"理水"，这两项技艺可以说是造园匠师的看家本领。此外，还有建筑营建、花木种植、动物蓄养等等。下面我们就探究一下其中的奥妙。

叠 山

叠山，又称筑山、堆山和掇山，是造园技艺的重要内容之一。山是园林的骨架，人们习惯称中国园林中的山为"假山"。因为它们是人造的，所以的确是"假"的。但反过来，每一座假山都是对自然界中真山的艺术提炼和概括，更是真山的艺术再现。中国园林中堆筑假山的历史很早，汉代就已经有堆山的记载。早期的假山一般都是规模较大的土山，刻意模仿自然界中的山形，艺术性较差。

隋唐两宋以后，建造的假山才逐渐向小型化和精细化方向发展，并注重对造型的追求，如追求奇巧和俊美。北宋的园林艮岳在建造山洞内部时，曾使用雄黄及炉甘石，一方面是因为雄黄有异味，能驱除毒蛇和虫子；另一方面是由于炉甘石在阴天的时候能产生烟雾，可使山上云雾缭绕。南宋时期有个文人叫俞征，他造的假山非常讲究，有大大小小100多个山峰，山上树木丰茂，山间溪水蜿蜒，水底铺着五彩石子，清澈的溪水顺流而下注入水潭中，淙淙作响。粗大的毛竹和古老的青藤遮盖着深潭，潭边种植着名贵的草药。潭水中有锦鱼、彩龟等自由自在地游动，夜晚在月光照射下，水面光影粼粼，景色更是优美。

到了明清时期，叠山的技术更加成熟，还出现了一

| 苏州园林的假山一角 |

个园夏山

种新的筑山方法，按照真实的比例堆筑一个真山片断，就好像山脚的一部分，让人感觉非常真实。堆山叠石既是一种艺术创作，也是艰辛的劳动，造山的人不但要有造型的艺术素养，还要掌握娴熟的叠石技术，这样堆叠出的假山才能含有真山的气韵和假山的意趣。

江苏扬州有个园林叫个园，园内堆筑了四处假山，分别命名为春、夏、秋、冬。游人一入园门，便看见以白墙为衬，青翠的竹林中点缀着耸立的石笋，以春日山林为主题，营造出春意盎然的景象。继续前行会看见一个大水池，水池北岸有湖石砌筑的假山，假山中设有溪谷、石岸、山洞和钟乳石，还有浓浓的树荫，让人感觉夏意浓浓，故而称其为夏山。园子的东部有黄石砌筑的假山，且有蹬道盘旋而上，山形高耸挺拔，山上的青松古柏与假山浑然天成，在夕阳的照射下，色泽金黄，就像一幅描绘秋山的图画，所以取名

|个园秋山|

叫秋山。在秋山西南面山脚下有一座小房子，叫"透风漏月"，房前有白色宣石叠筑的假山，乍一看就如同被白雪覆盖，这就是冬山。在冬山后面的围墙上，开凿了四排圆洞，利用高墙后面小巷里的气流变化，让气流从圆洞中吹进来，呼呼作响，好像北风呼啸的感觉，构思十分巧妙。此外，造园大师在西墙上又开了漏窗，人们可以透过漏窗隐约望见春山的石笋和翠竹，展示出四季周而复始、春回大地的变化。

在中国园林中，古代的叠山匠师们以大自然中的峰峦、麓坡、岩崖、洞隧、壑谷等为创造源泉，创作出很多具有高度艺术成就的假山精品。如北魏时期一个叫张伦的大官，造了一座叫景

阳山的大假山，山势外观上
有重峦叠嶂，山体内部有深
邃的山谷，山路崎岖，栈道
盘行。苏州狮子林中的假
山，全部由太湖特有的湖
石砌成，奇峰林立，石径盘
旋，洞壑连绵，入洞如进迷
宫，必须顺着山路行走，才
能出洞。山洞形态也是变化
万千，有"桃源十八景"的
美称。山上石峰的名字也很
厉害，如含晖、吐月、昂霄等，
但最有名气的是狮子峰。

| 寄畅园八音涧 |

说起留存到现在的叠山
作品，必须要提一下江苏无
锡的寄畅园。寄畅园里有一
处假山称为八音涧，是用黄石
堆叠的一段峡谷，长三十余米，
有宽有窄，时明时暗，曲折
蜿蜒，变化莫测。从远处的
惠山引来泉水，在峡底穿绕
而过，峡中的滴水之声好似

| 狮子林假山 |

空谷回响，如八音齐奏。人行其中，就好像在深山绝洞中，加上谷顶有浓密的树叶遮盖，岩石缝隙中树根盘根错节，更使人有深幽的感觉。

苏州环秀山庄的假山也值得一提，当你跨过园中水池上的小桥，迎面看见的是一堵陡峭的石壁，在水池与峭壁之间，有一条山道曲曲折折地伸向东南，小径越来越狭窄，眼看小路就要贴上石壁了，忽然又转入一处峡谷中，继续前行一会儿，原本以为无路可行了，却又发现陡壁中隐藏着一个山洞。透过石缝，光线洒进洞内，只见石洞内布置着天然山石凿成的石桌、石凳。在这里，几乎看不出丝毫人工砌筑的痕迹，更像是神仙的洞府，浑然天成。走出山洞，步入山洞中，眼前石壁耸立，峭壁上枝叶扶疏，脚下溪声潺潺，仿佛置身在高山峡谷中。越过峡谷，面前又是一条陡峻的上山磴道，在磴道一侧你会发现有一个石洞，洞口方方正正，洞里面摆设着精刻细琢的石桌、石鼓。走出石洞继续沿磴道登上山顶，俯瞰园景，眺望远方，顿时觉得豁然开朗。

环秀山庄的假山只算是小型园林中的假山，有大规模假山的自然要推举皇家园林了，如北京北海公园中琼岛大石山及园子西北端静心斋的假山、北京颐和园画中游的假山、河北承德避暑山庄的金山等，都是叠山艺术中的大手笔。北海公园的很多假山石个头很大，据说是金国消灭北宋后，从北宋皇

帝的园林艮岳中搜罗来的，经长途跋涉运到北京，石料十分珍贵，而运输的人工费更为昂贵。

在中国园林中，除人工堆砌的假山外，还有一种象征性的假山，也可以称作假山的变种，即类似于雕刻的独立石峰。这些石峰用自己特殊的花纹、肌理以及天然的姿态给人以美的享受。中国文人曾把这些石头分门别类地列出等级，并撰写了专门的石谱。产于江苏太湖的太湖石被推为最上品，特别被文人们所宠爱。太湖石实际上就是一种被水长期溶蚀的石灰岩，因其主要产于太湖而得名。太湖石洞窝特别多，形态也非常奇特，有所谓"瘦、皱、漏、透"的特点，也就是玲珑俊秀、褶皱苍古、空透多孔的样子。"瑞云峰""玉玲珑",是现存太湖石中最有名的两块,据说也都是北宋园林艮岳的遗石。此外,苏州留园内的冠云峰、岫云峰和一梯云三块石峰,以及浙江桐乡福严禅寺的绉云峰、南京瞻园的倚云峰等都是不可多得的太湖石精品。

理　水

与叠山一样,中国园林中的水也不是对自然界中水景的简单模仿,而是一种艺术再现。把自然界中的湖泊、池塘、河流、溪涧、濠濮、渊潭、瀑布等进行艺术加工,造成不同的水景,给人以不同情趣,这种造水景的技艺称为理水。水在园林中具有极为重要的地位,不仅仅是因为它与山石树木及建筑配合在一起,创造出变化万千的水景风光,还在于它能丰富园林的游赏内容,例如采莲、垂钓、泛舟、流觞等。

所谓流觞就是在曲折回转的水渠里,将酒盏浮在流水之上,诗人画家围坐周围,一边饮酒,一边吟诗作赋,抒发雅兴。魏晋时期的著名书法家王羲之,书写了一篇传诵古今的文章叫《兰亭集序》,记述的就是东晋永和九年,王羲之与谢安、孙绰等社会名流在浙江绍兴会稽山下的兰亭风景区进行"修禊"活动,这是一种人们在水边戏水洗涤,祈求健康幸福的游春活动。大家环坐曲水周边,谈天说地,论古道今，饮酒作诗。这种方式后来逐渐演变成了园林中的一种理水形式。

唐代洛阳曾有一座杨侍郎园，里面的流杯渠非常有名，原因是渠中流水虽然非常急速，但酒杯却一点儿也碰不到石岸。与它同样出名的还有洛阳的董氏东园，园内有"醒酒池"，湍急的流水由四周注入池中，如飞瀑一般，但流出却很缓慢，也不溢出池岸。

在较大型的园林中，最常见的水景是湖泊，它的特点是水面广阔而集中，如北京颐和园、承德避暑山庄、苏州拙政园、无锡寄畅园等，都是模仿自然湖泊的特点布置的。湖岸曲折自然，贴近水面，常常突出石矶、滩头，或者设置水湾、港汊、河口

等，再配上稀疏的青柳、茂密的芦苇、秀气的拱桥和亭子，一派水乡风光跃然眼前。

站在颐和园的佛香阁上纵目远眺，昆明湖一碧万顷，让人心旷神怡。远处的湖面被一道长堤分为南湖和西湖两个部分，南湖的湖面更为开阔，湖心有小岛，岛上有龙王庙，与佛香阁隔湖相望。岛与湖岸之间，有造型壮美

北京恭王府花园中的流杯亭

|颐和园铜牛与
十七孔桥|

|颐和园景福阁|

的十七孔拱桥跨水而过，将南湖水面又分为南北两部分，增加了湖面空间的纵深感和透视感，使湖面显得无边无际，更为这幅风景画营造了宏大的气势。

在昆明湖西面，造园师仿照浙江杭州西湖上的苏堤，建造了长长的西堤，自南向北蜿蜒在湖面上。西堤上建造了六座小桥，分别起名叫界湖桥、豳风桥、玉带桥、镜桥、练桥和柳桥。长堤的西面又叫西湖，也建造了两个岛屿，继承了秦汉以来园中布置一池三山的传统。西堤上还模仿湖南洞庭湖的岳阳楼，建造了一座景明楼，让人禁不住联想到范仲淹的名篇《岳阳楼记》中提到的"先天下之忧而忧，后天下之乐而乐"，以此提醒人们要多为社会和大众着想。

清代乾隆时期，曾在昆明湖西北面，仿照江南民居，建造了庙宇、住宅、染织作坊、养蚕的工坊和桑园等，合称为"耕织图"。当年来自苏州、杭州等地的百名技术工人在这里耕耘织染，为皇家生产丝绸布料。乾隆皇帝也曾在这里读书、观画、钓鱼。

与大型园林的湖泊型水景不同，小型园林的水景大多以池塘、水潭、溪谷、涌泉、瀑布等为主。池塘如浙江绍兴沈园的葫芦池，池岸属于自由型，酷似葫芦，传说陆游曾在此写下了著名的

《钗头凤》。再如兰亭洗砚池，方方正正，给人以砚台的联想。水潭如苏州沧浪亭西部的水潭，潭底深幽，潭壁陡峭，使人感到如临深渊。深谷夹溪称为溪涧，水漫谷

| 狮子林瀑布 |

| 沧浪亭水景 |

岸叫濠濮，例如北京北海公园濠濮和苏州耦园东花园的濠濮。涌泉的例子可以举出苏州网师园的涵碧泉，此处的景观也是值得一览的。瀑布的例子有苏州环秀山庄，山庄内的瀑布实际上是利用屋面收集的雨水形成的流瀑景致。苏州的狮子林也有一处瀑布，巧妙的是它在问梅阁上设置了一个大水柜，游赏时开闸放水，形成跌落而下的山泉。

总的说来，水景是园林景观的重头戏，园林中有了水就可以增加生气，特别是集中的水面营造了开阔的空间感，让人心旷神怡，再加上水面还能映射出岸边的亭台楼阁、草木花石以及天空中的流云和飞鸟，使园林的景观生机盎然。

建 筑

建筑是中国园林的造园要素，一方面它满足园林生活的多种实际需要，如居住、休息、读书、弹琴、下棋、喝茶、招待客人等。另一方面，建筑本身作为风景，与山水花木一起，成为赏心悦目的景观。可以毫不夸张地说，中国园林中的诗情画意有相当大的成分是来自建筑。园林的风格之分，如皇家风格、文人风格、民间风格等，在很大程度上也取决于园林建筑的风格。比如颐和园，在碧波荡漾的昆明湖与绿荫覆盖的万寿山之间，设计师重点布置了一组组楼台殿阁，它们金碧辉煌，端庄秀丽，充分表现出皇家园林的豪华气象。而江南地区文人园林中的建筑则精巧雅致，粉墙灰瓦，掩映于翠绿色的花木之中，形成一种清新的格调，如同淡淡的水墨

留园中景色

寄啸山庄景色

画卷。

中国传统木结构建筑的体系是完备而独特的，它那如鸟儿展翅欲飞的空灵美，它那露明的木构件及装饰所表达出来的线条美和色彩美，都具有很高的艺术感染力，给人以强烈的美感和深刻的印象。与传统中国木构建筑相比，园林中的建筑还另有自己的灵巧、自由和变化的特点。

中国园林中的建筑原本就是自然山水的点缀，因而建筑的整体布局都强调和自然环境的和谐，需要建亭就建亭子，适于建水榭就造水榭，一定要与环境协调一致。园林建筑一般比较小，这是因为自然山水是园林中的主角，不能让建筑喧宾夺主。另外，建筑的"小"还可反衬整个园林空间的"大"。

中国木结构建筑是一种经过数千年锤炼的体系，园林建筑又是在这个体系中再一次地筛选和提炼，所以园林建筑的造型和样式都十分精致，内外装修及室内家具陈设也相对更加精美。

一般说来，中国建筑中常见的类型在园林中都有所表现，并且都经过灵活变化而更具特色。简单地归纳，园林建筑可以为分为厅、堂、轩、榭、楼、阁、舫、亭、廊、园墙、桥等。

厅与堂

厅与堂叫法不同，但大体上是一样的建筑，在北方皇家园林中又称殿堂，是园林建筑中的主角，园主常在这里举行聚会、宴请宾客。它的位置一般建在园中最好的地方，既方便生活起居，又有优美的景色可供观赏，建筑体型也较高大，装修精美，往往是整个园林的中心建筑。拙政园的远香堂、留园的五峰仙馆、狮子林的燕誉堂等，都是位于园林的中心位置，高大轩敞，雍容华贵。有的还在周围环绕围墙或回廊，形成庭院，或者在房前屋后布置石峰，栽植花木形成别致的小景。

厅的种类很多，如果四

留园五峰仙馆

拙政园三十六鸳鸯馆

面敞开，室内外空间流通，可称为"四面厅"；若内部用隔扇分为前后两部分，这种厅被称为"鸳鸯厅"；如果周围空间环境比较小，厅本身的规模也相应较小，装饰也更简洁，厅前主要布置一个小小的荷花池，这种厅常称为"荷花厅"；如果厅前只是一个封闭的小院，也没有水池，只点缀着一些花木石峰，那么人们就常把它称为"花厅"或"花篮厅"。

轩与榭

轩和榭是两种形象接近，但作用不同的建筑。它们或者靠山傍水，或者依花伴木，与环境结合得非常紧密，但

|狮子林水榭|

它们的体量一般都不大，四面开敞，在装饰上也比较精致。比较之下，轩更多具有居高临下的意思，它们独傲山头，位居高处，气势轩昂，游人可以登高观景，凭栏眺望，感觉心情非常舒畅。如苏州留园中的闻木樨香轩、拙政园中的倚玉轩、网师园内的竹外一枝轩、上海豫园的两宜轩等。相比之下，榭则更多凭临水面，所以常常称为水榭。水榭大多贴近水面，或者掩映于花中，造型低平而舒展，给人们的感觉特别亲切。

楼与阁

楼与阁都是园林中的高层建筑，是人们登高远眺的地方，同时也是创造园林景观层次的常用手法，远处浮现在绿荫中的高楼总会给人

美好的遐想。楼常常表现为横向展开的体量，楼层位置没有挑出的屋檐，只能面对一个方向观景，整体风格也比较简朴，如颐和园的夕佳楼、苏州留园的明瑟楼、拙政园的见山楼等。

阁常常是建在地势较高的地方，多为高耸式的建筑风格，各楼层有挑出的平台，视野开阔，整体造型风格也比较挺拔轩昂，例如颐和园的佛香阁、苏州拙政园的留听阁、留园的远翠阁等。

舫

这里说的舫不是水中划动的真船，而是用石头仿照船的造型建造的建筑，所以又称"旱船""船厅""不系舟"，这是园林建筑中特有的一种类型。可以把船舫看作是既简单又精美的仿真

|颐和园佛香阁|

建筑，也可以按照设计风格把船舫分为两种。一种是完全模仿真船的样子建在水中，如苏州狮子林的石舫及南京煦园的不系舟。另一种则采用写意手法，将船体分为三段，前部是象征着头舱的敞轩，在高起的敞轩前面还设置有一个小月台，相当于甲板。中部是低平的水榭，象征中舱。后部尾舱最高，

| 颐和园石舫 |

| 狮子林石舫 |

| 沧浪亭 |

一般是两层的楼阁。例如，颐和园的清晏舫（石舫）、拙政园的香洲、怡园的画舫斋等。园林里也有把一般的水榭建筑起名叫舫的，如苏州畅园的"涤我尘襟"、上海豫园中的"亦舫"等，目的是让游人在这些匾额的提示下，产生联想，好像神游于碧波之间，感受画舫荡漾的意境。

亭子

亭子是中国园林中最常见的建筑了，个头最小但数量最多。那么什么是亭子呢？或者说亭子是做什么用的呢？古人解释说："亭者，停也。"意思是凡可停住脚步休息、观景、眺望和回味的地方，或者景色优美而需要点缀的地方都可以建造亭子。由于亭子的体型小巧玲珑，灵活多变，非常容易与山水花木相互结合，不但不喧宾夺主，反而可以起到画龙点睛的作用。这样说来，亭子在园林中的位置一般不受限制，既可建于山顶和水边，也可放在花丛中和路旁。亭子的样式也非常丰富多变，有长亭、方亭和圆亭，也有三角亭、五角亭、六角亭、八角亭。此外，还有单层或者两层檐子的亭，做成折扇形平面的扇子亭，两亭相合的鸳鸯亭，梅花形状的梅亭，以及为了节省空间，依墙而建的半壁亭等。

廊子

廊子在园林中既是建筑物之间的联系纽带，又是游览园景的导游线，它不仅有遮阳避雨的实用功能，还有围合空间、划分空间的造景

| 狮子林扇面亭 |

| 颐和园长廊 |

|拙政园曲廊|

功能。廊子本身的造型也很丰富,有开敞的空廊,有封闭的暖廊,有靠墙建造的半廊,还有背靠背隔墙而建的复廊等。

空廊两面敞透,廊子两侧的柱子之间安置低矮的坎墙或坐凳,外加栏杆,供游人随时休息,如颐和园中的长廊。暖廊是在柱子之间装设可避风保温的隔扇或隔墙,墙上还可以开设漏窗,窥望廊外的风景,如江苏常熟虚霩园的水上游廊。半廊的特点是一侧依附在墙壁上,另一侧向园内敞开,如南京瞻园东墙下的半廊、江苏南浔宜园中的馆春廊等。在实际应用上,半廊往往与空廊结合使用,它们都可在景观上起到遮掩围墙、丰富背景的作用。复廊是一种双面游廊，也称内外廊，它的中间是一道隔墙，墙上开有漏窗或洞窗，使游人两边观景，左顾右盼，流连忘返。

除这些形式之外，如果从廊子的总体造型，或廊子与地形环境的结合角度来划分的话，又可把廊子分为直廊、曲廊、回廊、爬山廊、涉水廊、叠落廊、桥廊等。总之，园林中的廊子，要曲折蜿蜒，依山就势，灵活变化，让园林充满流动的生机。

园墙

园林中的围墙有界墙与内墙的区别，界墙就是包围着园林的外墙，高大厚重，起到防护的作用，同时可以创造幽静的环境。内墙在园内用来分割空间，组织景观和游览路线，使园中有园，景中有景，一般小巧玲珑，

形式多样，有时通过艺术处理后，它本身也成了一种特殊的景观。

园墙在建造时，一般随地势而起伏蜿蜒，尽量避免僵直呆板。为营造生动的景观，有些园林的墙被造成阶梯墙、云墙的样子，墙的构造、材料和色彩也多种多样。白粉墙在南方用得最普遍，它色调清淡素雅，配以褐色木构建筑和绿色植物，以及玲珑剔透的山石，犹如在白纸上作画。还有一种可避免墙面过于单调的方法，那就是在墙面上开洞门、洞窗和漏窗。

洞门和洞窗多有一圈精细的青砖边框，灰白对比非常素洁。洞口的形状也是千变万化，如鹤卵形、蕉叶形、宝瓶形、海棠花形、如意头

留园中的墙

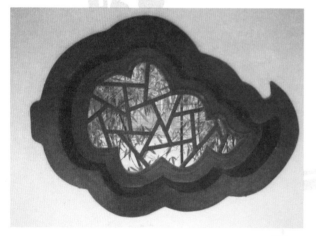

漏窗

来框景（像照相一样取景），构成一幅幅立体画面。

所谓漏窗，就是在窗洞上用薄砖、瓦片砌成各种图案，如十字、人字、六方、八方、菱花、笔管、套环、套方、锦葵、波纹、梅花、海棠等。此外，也有塑造成透雕形式的，图案题材多取象征吉祥的动物和植物，如象征长寿的鹿、鹤、松、桃等，以及象征风雅的竹、兰、梅、菊、芭蕉、荷花等。漏窗的特点是可以使墙两侧相邻空间似隔非隔，似透非透，景色若隐若现，富有层次感，同时也可使墙面上产生虚实变化。

桥

桥是园林中跨水渡河的工具，同时也是重要的造景手段。桥的造型种类很多，

形、葫芦形、桃形、银锭形等。除装饰作用外，洞窗与洞门还可以沟通墙两侧的园林空间，同时也可利用洞口

如拱桥、平桥、廊桥、亭桥等。颐和园中昆明湖西堤上的玉带桥是一座造型十分优美的石拱桥，它采用蛋形陡拱，桥面呈现为双反向曲线，桥身和石栏杆都是由汉白玉琢制而成，体态典雅，线条流畅。再如颐和园的十七孔桥，好似彩虹落在湖面上，构成了十分优美的景致。平桥与拱桥不同，它是用石板架在桥墩上，平铺在水面，也可以做成折线形。平桥的特点是简单、轻巧，又因贴近水面而显得尤为亲切。廊桥是在桥上建廊，或者说是以廊为桥，如拙政园中称作小飞虹的廊桥。亭桥顾名思义就是在桥上建亭，实例有扬州瘦西湖上的五亭桥，颐和园的荇桥、镜桥、练桥、柳桥等。廊桥与亭桥都是一身多

颐和园荇桥

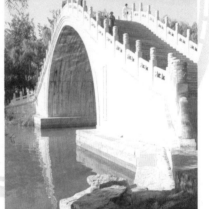

颐和园玉带桥

用，既当作通行工具供人们渡河，又可造景供人们观赏以及停留休息。

花 木

中国古典文学名著《红楼梦》中有个园林叫大观园，书中记载，转过山坡，穿过花丛和绿柳，过了荼蘼架，进入木香棚，越过牡丹亭，路过芍药圃（花园），来到蔷薇院，旁边就是芭蕉覆盖的码头船坞，再往前走，忽然听到水声潺潺，有泉水从石洞流出，石洞上倒垂着密密的藤蔓，泉水落在石洞边的水潭里，水面上落花浮荡。由此可见，植物在创造园林景观中扮演着重要的角色。

古代园林名著《园冶》中记载，梧桐树的树冠宽大，可以形成浓密的树荫，槐树种在庭院当中可以使满院清凉，在湖堤边上要栽植垂柳，屋子周围要栽植梅花，而茅草屋最好要建造在竹林中。寥寥数语就点明了园林植物与景观环境的关系，在这里植物不仅仅用来创造舒适宜人的自然环境，更重要的在于创造出寄托人们美好理想和诗情画意的主题景观。

用植物来塑造景观可以表现在很多方面，首先是它可以赋予园林丰富的色彩，表现季节的特征。初春来临，枝翠叶绿，红英点点，使人感到万象更新，一派生机勃勃。仲春时节，百花吐蕊，群芳斗艳，寄托了人们对美好生活的向往。待到仲夏时节，叶茂枝繁，水满池塘，园中好像清凉世界，有时细雨绵绵，烟雾蒙蒙，如同幻境。等到雨过天晴，林间小鸟鸣唱，给人幽深静谧的感受。夏去秋来，枫叶红，菊花黄，向人们展示的是一幅色彩绚丽的天然锦绣。冬天来了，万木萧疏，然而松竹傲雪，梅菊凝霜，又激励人们奋发向上。这些都巧妙地利用了花木的季节特征，营造出了各种感人的气氛。

中国园林中的花木设计

| 避暑山庄松云峡谷 |

| 避暑山庄枫林秋色 |

| 留园中的芭蕉 |

| 颐和园中的梅花 |

虽说很讲求自然美，但花木也同时被作为人格美的象征，赋予景观环境以崇高、优雅、恬淡和宁和的品格。比如竹子是空心的，被比喻为空腹虚心，高风亮节；松、竹、梅被组合在一起作为清高的象征，合称为"岁寒三友"；荷花长在泥塘中，但花开时非常素洁美丽，被比喻成"出淤泥而不染"的君子。此外，也有一些花草被赋予特殊的含义，如紫薇、榉树象征职位高收入高，芍药象征荣华，兰花象征幽雅，玉兰、牡丹比喻富贵，石榴多子被用来祝福多生多育，萱草含有忘记忧伤的意思，等等。

至于植物的具体栽植方式，中国园林讲究的是顺其自然，追求天然趣味，这与西方园林采用几何形式的布置方式截然不同。中国园林不是如同植物园那样把植物按类别行列式地栽植，也不是随意乱植，而是根据要表达的思想，环境的地形条件，以及不同树种的形态、色彩等特点进行相互配合，穿插布置。栽植的具体方式要反映植物原来的自然态势，可以成片地种植，也可独立地栽种。成片的时候千株一色，也可百花齐放；独立的时候可以孤芳自赏，更显出英雄本色。颐和园里丁香路中的丁香、苏州拙政园中枇杷院的枇杷、狮子林中问梅阁前的梅花、网师园中小山丛桂轩处的桂树等都是植物栽种的优秀案例。

动　物

园林中除了山、水、花木和建筑外，动物也是重要的组成部分。汉代的上林苑中有珍禽异兽超过数百种，如虎、鹿、猩猩、狐狸等，甚至还有一些外国进贡的稀有动物。园中的湖泊里有成群的鹈鹕和鹩鸹，野鸭野鸡飞来飞去，还有紫色乌龟、绿色乌龟在水边嬉戏，池中的各种鱼类就更不用说了。当时有个富人叫袁广汉，他建造的园林里，养了鹦鹉、鸳鸯、水牛、仙鹤、海鸥等，就好像一个大动物园。早期的皇家及贵族园林中，还曾饲养过猿、狗、牛、马、熊、虎等动物，不过考虑到安全问题，后来容易伤人的猛兽逐渐减少了，常见的动物只有鹿、鹤、龟、鱼、水鸟等。

　　在园林中蓄养动物，特别是自由地放养，可以增加情趣。人们看到小鹿在山脚下吃草，仙鹤在庭院里舞蹈，燕子在屋檐下做窝，鲤鱼在池塘中畅游，小鸟在林中唱歌，蝴蝶在花间采蜜，会觉得自己置身于大自然的怀抱之中，此时再听到鹤唳、莺啼和蝉叫的声音，更觉得自己完全融于自然当中了。

|园林池塘中的锦鲤|

抒发艺术情怀，寄托美好理想

| 抒发艺术情怀，寄托美好理想 |

园林除了供人们游赏、休闲之外，还有陶冶情操、抒发情怀的作用。早在魏晋南北朝时期，由于战乱频繁，社会动荡，人们纷纷隐居山野，逃避灾难。现实生活的不容易使人们对自然山林与田园村野更加向往，也加快了风景园林的发展进程。此外，魏晋时期描绘自然风光的山水画，歌颂田园生活的山水诗也繁荣起来，对园林创作都产生了直接的影响。这一时期，不但上层权贵喜欢游山玩水，一般的文人也喜欢到自然山水中陶冶情操，园林已不仅仅用来赏景，还是抒发情怀，表现理想的一种方式。

北魏杨炫之所撰《洛阳伽蓝记》中记载，在当时的洛阳城中，大家争着修建园林，家家都筑有高大台榭，户户都有树林曲池。夏天桃树、李树一片翠绿，冬天竹子、松柏依然常青。又如西晋时期有个大官叫石崇，据说他晚年喜欢闲逸，于是到洛阳建了个金谷园，过起了隐居生活。堆土成长堤，栽种上万棵柏树，引清渠环绕在园内，清澈的溪水一直流到房角，园中还挖建了宽阔的池塘，里面养着许多鱼，池边有楼阁亭榭，可观鱼儿戏水。出门可以将钓鱼与赏

| 故宫堆秀山全景 |

一个叫孙绰的文人这样形容自己的宅园："我从小就羡慕老子和庄子，敬佩他们的风骨。因此在东山脚下建造了一个五亩大宅园，园中有长长的土岗，茂密的林木。"与他同时代的文人徐勉也建造了一个小园子，徐勉向朋友介绍说，人到中年，在田地旁边建造这个小园，不是为了播种农作物获得粮食，而是要掘池种树，表达心迹。园中筑起小小的土山，上面堆叠石头，移植果树，栽种花卉，目的是自娱自乐，寄托情怀。

在这里，园林景观不光具有造型上的美，还可以象征人的节操美和品格美。这方面典型的例子还有唐代著名画家王维和诗人白居易。王维的园林叫辋川别业，他

景当工作，回家则看书弹琴，不与世俗争高低。由此可推断，石崇营建金谷园的一个重要目的，就是为了享受山野生活和抒发情怀。

到了东晋时期，园林表达理想的这种倾向更加突出，

在辋川别业中建造了孟城坳、文杏馆、斤竹岭、临湖亭等景观。画家将作诗和绘画的技法用于园林创作，使这些景点充满了诗情画意。

白居易的两处宅园分别是庐山草堂和履道里宅园，他的履道里园只有五亩大小，可谓城市园林的典范。园子的立意、布局和造景表明了园林生活已经成为文人士大夫生活中的重要组成部分，甚至成了他们的半个精神世界。白居易认为园林与自己的关系就如同鸟儿选择树枝做巢，是为了有个安稳的住处；又比如青蛙居住在田埂下，不知道也不想知道大海有多宽。

北宋有个宰相叫司马光，人们都知道司马光砸缸的故事，说的是他小时候聪明伶俐反应快。其实他建造的园子也很出名，叫独乐园，园中建造了许多景点，有见山台、钓鱼庵、弄水轩、读书堂、浇花亭等，创意来自历史上的大名人，如陶渊明、严子陵、杜牧、王子猷、白居易等，所以每个景点都很有思想内涵和象征意义。园子虽然不大，在当时的洛阳也算是最朴素的，但因为景观真实，情趣盎然，洛阳市民到了春天的时候都要来这里游赏。说是独乐园，实际上却是反语，"独乐"两字出自《孟子》中的"独乐乐不如众乐乐"，意思就是一人快乐不如与大家一起快乐，就像我们今天所提倡的分享或共享吧！

从唐宋时期开始，文人们建造园林时特别喜欢种植竹子，当时有个不成文的规矩，说是如果把整个园子分成六份，那么其中三份布置水面，两份种竹子，剩下的空间盖房子。《梦溪笔谈》的作者沈括给自己造了一座"梦溪园"，里面种了几百棵竹子；文学家叶梦得认为，只要在园林里面多多地种上竹子，不管其他的景物，看上去也会心旷神怡。诗人苏轼曾说："可使食无肉，不可居无竹。无肉令人瘦，无竹令人俗。"由此可见，园林中有没有竹子似乎成了懂不懂风雅的代名词，但是竹子为什么使人感到文雅呢？原因就在于竹子被人格化了，所谓"虚心异众草，劲节逾凡木"，它象征着文人们的节操美和品格美。

就像赋诗作画一样，古代中国人造园都有一个主题，不仅一座园林有一个总的主题，园中的各个主要景观也都要有个主题。比如苏州的网师园以渔隐为主题，意思是学习渔夫，以打鱼为生，离世俗远一点儿，到乡下去

| 北京恭王府花园中的竹子 |

过清净的隐居生活。按照这个总的思想，在园中设计的景物如树木花草、水鸟、游鱼、岩石以及亭榭廊桥等都要围绕着"渔隐"这个总主题来安排。

含蓄的意境美是中国园林艺术追求的更高境界，所谓的园林意境，是运用艺术手段创造出一种环境气氛，使人有所感触，有所联想，从而产生美的感受。园林意境的特点在于可以通过视觉、听觉、嗅觉和触觉来身临其境地感受环境美，它们相互作用，使人们的感受更真实，也更生动。

在中国园林中，不但不同特色的景区各有独特的意境，就是一山一水，一草一木也常常是寓意深长，耐人寻味。比如，苏州拙政园中

有一个相对独立的小院，在它的正房门楣上悬挂着一块匾，上面写着"听雨轩"三个字，若你细心琢磨，会发现所谓"听雨"的奥秘：原来在院落的一角有一个水潭，潭旁种植着几棵芭蕉树，如果你花些工夫仔细琢磨，

拙政园听雨轩

63

你也许会联想到诗句"雨打芭蕉室更幽",不由得产生一种怡然的心境。中国园林艺术之所以有着丰富的主题思想和含蓄的意境,原因在

| 颐和园知鱼桥 |

| 颐和园谐趣园 |

于中国传统文化的博大精深。

探寻和体味中国园林的意境,我们可以从中国诗画入手,中国的山水诗、山水画和中国园林的意境美是彼此相通的。园林无处不入画,无景不藏诗,园林艺术仿佛就是立体的画,凝固的诗,正因为如此,人们又称园林的意境为诗情画意。当你走入北京颐和园的谐趣园时,眼到之处,总有一些匾额和对联跳入你的眼帘,比如"菱花晓映雕栏目,莲叶香涵玉沼波",再比如"窗间树色连山净,户外岚光带水浮"等,园中的景致就反映着这些诗意。园中还有一条曲廊,名叫"寻诗径",意思就是让游人在此像品味诗意一样欣赏园景,使人们在小小的空间内寻寻觅觅,徘徊竟日,

流连忘返。

在园林中，每一处景观往往都以某一座建筑为主角，用它来对园林的观赏效果起画龙点睛的提升作用。这些建筑上一般都有匾额、楹联或诗文，用来提示景观的主题思想和独特的情趣，进而启迪游人的想象力。一般说来，悬置于门楣之上的题字牌，横放的称为"匾"，竖挂的称为"额"，门两侧柱子上的竖牌，称"楹联"或"对联"，有时也直接书写在柱子上。此外，也有将题字刻在石头上的，仿佛摹崖石刻。如果你游览过中国的园林，或许曾有过这种感觉：当你触景生情有所感悟，但又说不清是什么感觉的时候，突然看见建筑上的题字，马上茅塞顿开，觉得心中的

|拙政园宜两亭|

|拙政园留听阁室内|

真实感受得到了印证，心情一下子变得非常舒畅。

中国园林中对景物的题名有很多类型，其中多数是直接引用古代诗人的名句，或稍稍作一下变通。如苏州拙政园中的宜两亭引自白居易的"绿杨宜作两家春"，浮翠阁引自苏东坡的"三峰已过天浮翠"，留听阁则是取自李商隐诗中的"留得枯荷听雨声"。

说到留听阁，与它相类似的题名举不胜举，如苏州耦园的听橹楼，扬州小玲珑山馆的清响阁等。其中，耦园的听橹楼可以说别有韵味，耦园的南面紧靠一个小巷子。小巷紧临河道，河上船来船往，能清晰地听见水面上划桨摇橹的声音，将园中的小楼题名为听橹楼，会

|耦园听橹楼|

|颐和园画中游|

不会使你联想到园外热闹的景象呢？

　　把绘画艺术的创作手法运用于造园上，在园林中体现画境，这是中国园林的又一大特色。在北京颐和园万寿山西部的山腰上，有个景点叫画中游，这里亭台错落，叠石参差，树木掩映，犹如置身画中一般。穿过山洞，沿着台阶登上高阁，南望湖光山色，长堤卧波；东看是佛香阁耸立山头，如琼楼玉宇；西眺则是绵绵的西山，玉泉山的佛塔倒映在昆明湖上，真像画境一般。这时你再回味"画中游"的题字，是不是觉得非常贴切呢！

| 拙政园中曲径通幽的小路 |

在园林中，造园家常常用借景、对景和点景的手法来表现画意。所谓对景就是景观画面相对，其中每一方既是观赏点，又同时是被观赏的对象，如颐和园的佛香阁对昆明湖中的龙王庙，北海公园琼华岛上的漪澜堂对太液池北岸的五龙亭，都是经典的范例。在对景中，能让游客无意间自己发现的最为可贵，例如进到拙政园后，从枇杷园透过圆洞门，无意中望见水池北面的雪香云蔚亭，掩映在林木之中，恰似一幅山水画，意外地给人一种美的感受。

如果你是个心细的人就不难发现，在中国园林中的道路、走廊、入口等空间发生转折的地方，常常要设置一些小对景，并常用门窗、墙洞、漏窗等作为观赏口，这种做法称为"框景"，目的就是用来提示这里有画意。有时即使无景可对，造园家们也常要在屋角、廊边开一个窗洞，或留出一个小院，点缀几块石头，栽上几株花草，使人感到柳暗花明，曲径通幽。若把一座中国园林中所有的景观串联起来，你将会感到展现在眼前的好似一幅连续的、动态的立体画卷。

园林中的借景，指的是借园外的风景到园中来，或园中的景观相互借用，这样可以增加景深层次，扩大空间感。例如，无锡寄畅园借用园外的惠山风光，颐和园借用西山的风景等，让你感觉园子比实际的面积更大。有些园林由于空间较小，则采取在高处建楼远眺的手法来弥补这一缺陷，如苏州拙政园的见山楼，沧浪亭的看

| 颐和园的借景 |

山楼，留园的冠云楼、舒啸亭等。更富有想象的，还有将飞过的大雁、月光下的倒影、日常的暮鼓晨钟等也引入园林意境中来，《园冶》中就提道："萧寺可以卜邻，梵音到耳。"真可以说是别出心裁，匠心独运了。

了解了这些中国造园艺术的奥秘，你也许可以重新踏上探究园林美的旅途了，那么，你准备好了吗？

| 无锡寄畅园借景惠山 |

图书在版编目（CIP）数据

造园趣谈 / 刘托编著；刘托本辑主编. —— 哈尔滨：
黑龙江少年儿童出版社，2020.2（2021.8重印）
　（记住乡愁：留给孩子们的中国民俗文化 / 刘魁立
主编. 第八辑，传统营造辑）
　ISBN 978-7-5319-6475-9

　Ⅰ. ①造… Ⅱ. ①刘… Ⅲ. ①园林艺术－中国－青少
年读物 Ⅳ. ①TU986.62-49

中国版本图书馆CIP数据核字(2019)第294086号

记住乡愁——留给孩子们的中国民俗文化　　　　刘魁立◎主编

第八辑 传统营造辑　　　　　　　　　　　　　刘　托◎本辑主编

造园趣谈 ZAOYUAN QUTAN　　　　　　　　　　刘　托◎编著

出　版　人：商　亮
项目策划：张立新　刘伟波
项目统筹：华　汉
责任编辑：李梦书
整体设计：文思天纵
责任印制：李　妍　王　刚
出版发行：黑龙江少年儿童出版社
　　　　　（黑龙江省哈尔滨市南岗区宜庆小区8号楼 150090）
网　　址：www.lsbook.com.cn
经　　销：全国新华书店
印　　装：北京一鑫印务有限责任公司
开　　本：787mm×1092mm　1/16
印　　张：5
字　　数：50千
书　　号：ISBN 978-7-5319-6475-9
版　　次：2020年2月第1版
印　　次：2021年8月第2次印刷
定　　价：35.00元